科学启蒙

生命科学 1

[美] L.H.丹尼尔 等著
万 学 姜允珍 等译

图片说明

地球的北极终年冰天雪地，北极熊就生活在那里。

北极熊的皮毛会随着季节的转换而呈现出白色或浅黄色，这可以帮助它们在雪地中藏身。

探究 关于北极熊，你还想了解些什么呢？把你想要了解的内容写下来，或者写下你想知道答案的有关北极熊的问题。

浙江教育出版社

《科学启蒙》丛书编委会

Program Authors

Dr. Lucy H. Daniel
Teacher, Consultant
Rutherford County Schools, North Carolina

Dr. Jay Hackett
Professor Emeritus of Earth Sciences
University of Northern Colorado

Dr. Richard H. Moyer
Professor of Science Education
University of Michigan-Dearborn

Dr. JoAnne Vasquez
Elementary Science Education Consultant
Mesa Public Schools, Arizona
NSTA Past President

Contributing Authors

Lucille Villegas Barrera, M.Ed.
Elementary Science Supervisor
Houston Independent School District
Houston, Texas

Mulugheta Teferi, M.A.
St. Louis Public Schools
St. Louis, Missouri

Dinah Zike, M.Ed.
Dinah Might Adventures LP
San Antonio, Texas

The features in this textbook entitled "Amazing Stories," as well as the unit openers, were developed in collaboration with the National Geographic Society's School Publishing Division.

RFB&D
learning through listening

Students with print disabilities may be eligible to obtain an accessible, audio version of the pupil edition of this textbook. Please call Recording for the Blind & Dyslexic at 1-800-221-4792 for complete information.

The McGraw-Hill Companies

Macmillan McGraw-Hill

Published by Macmillan/McGraw-Hill, of McGraw-Hill Education, a division of The McGraw-Hill Companies, Inc., Two Penn Plaza, New York, New York 10121.

Printed in the United States of America

ISBN 0-02-281211-3/1
8 9 110/043 09 08

Teacher Reviewers

Michelle Dunning
Birmingham, Alabama
Donna Bullock
Chandler, Arizona
Debra Allen
Davie, Florida
Lora Meade
Plantation, Florida
Roxanne Laird
Miami, Florida
Karen Gaudy
Satellite Beach, Florida
Stephanie Sirianni
Margate, Florida
Heidi Stephens
South Daytona, Florida
Rosanne Phillips
Miami, Florida
Brenda Crow
Miami, Florida
Kari Pingel
Pella, Iowa
Christie Jones
Springfield, Illinois
Diane Songer
Wabash, Indiana
Lee Arwood
Wabash, Indiana
Margarite Hart
Indianapolis, Indiana
Charlotte Bennett
Newburgh, Indiana
Donna Halverson
Evansville, Indiana
Stephanie Tanke
Crown Point, Indiana
Mindey LeMoine
Marquette, Michigan
Billie Bell
Grand View, Missouri
Charlotte Sharp
Greenville, North Carolina
Pat Shane
Chapel Hill, North Carolina
Karen Daniel
Chapel Hill, North Carolina
Linda Dow
Concord, North Carolina

生命科学

Consultants

Dr. Carol Baskin
University of Kentucky
Lexington, KY

Dr. Joe W. Crim
University of Georgia
Athens, GA

Dr. Marie DiBerardino
Allegheny University of Health Sciences
Philadelphia, PA

Dr. R. E. Duhrkopf
Baylor University
Waco, TX

Dr. Dennis L. Nelson
Montana State University
Bozeman, MT

Dr. Fred Sack
Ohio State University
Columbus, OH

Dr. Martin VanDyke
Denver, CO

Dr. E. Peter Volpe
Mercer University
Macon, GA

地球科学

Consultants

Dr. Clarke Alexander
Skidaway Institute of Oceanography
Savannah, GA

Dr. Suellen Cabe
Pembroke State University
Pembroke, NC

Dr. Thomas A. Davies
Texas A & M University
College Station, TX

Dr. Ed Geary
Geological Society of America
Boulder, CO

Dr. David C. Kopaska-Merkel
Geological Survey of Alabama
Tuscaloosa, AL

物质科学

Consultants

Dr. Bonnie Buratti
Jet Propulsion Lab
Pasadena, CA

Dr. Shawn Carlson
Society of Amateur Scientists
San Diego, CA

Dr. Karen Kwitter
Williams College
Williamstown, MA

Dr. Steven Souza
Williamstown, MA

Dr. Joseph P. Straley
University of Kentucky
Lexington, KY

Dr. Thomas Troland
University of Kentucky
Lexington, KY

Dr. Josephine Davis Wallace
University of North Carolina
Charlotte, NC

Consultant for Primary Grades

Donna Harrell Lubcker
East Texas Baptist University
Marshall, TX

Teacher Reviewers (continued)

Beth Lewis
Wilmington,North Carolina

Cindy Hatchell
Wilmington, North Carolina

Cindy Kahler
Carrboro, North Carolina

Diane Leusky
Chapel Hill, North Carolina

Heather Sutton
Wilmington, North Carolina

Crystal Stephens
Valdese, North Carolina

Meg Millard
Chapel Hill, North Carolina

Patricia Underwood
Randleman, North Carolina

E. Joy Mermin
Chapel Hill, North Carolina

Yolanda Evans
Wilmington, North Carolina

Tim Gilbride
Pennsauken, New Jersey

Helene Reifowitz
Nesconsit, New York

Tina Craig
Tulsa, Oklahoma

Deborah Harwell
Lawton, Oklahoma

Kathleen Conn
West Chester, Pennsylvania

Heath Renninger Zerbe
Tremont, Pennsylvania

Patricia Armillei
Holland, Pennsylvania

Sue Workman
Cedar City, Utah

Peg Jensen
Hartford, Wisconsin

做一名科学家！

单元 A

生命科学

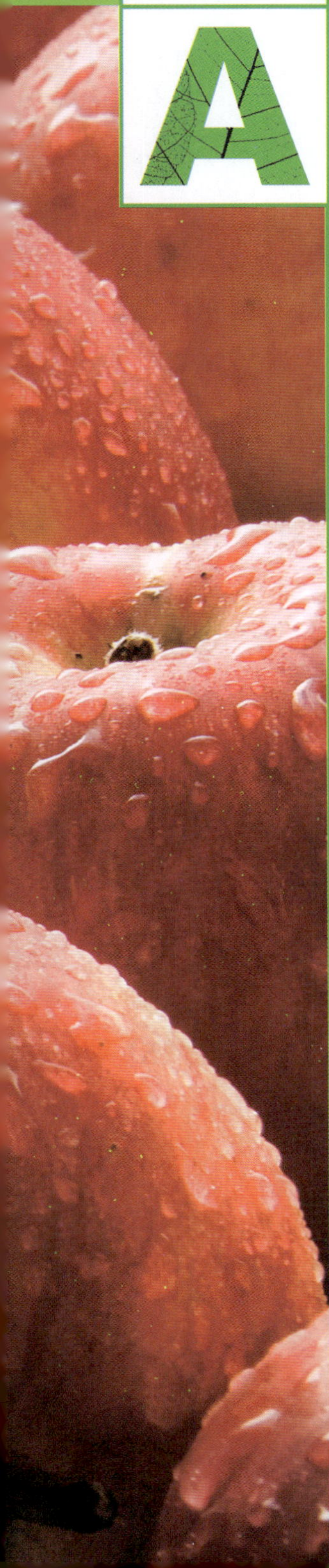

植物是生物 A1

单元 B 生命科学

动物是生物 B1

探索活动

供你参考

健康手册

科学
安全指南
教室内

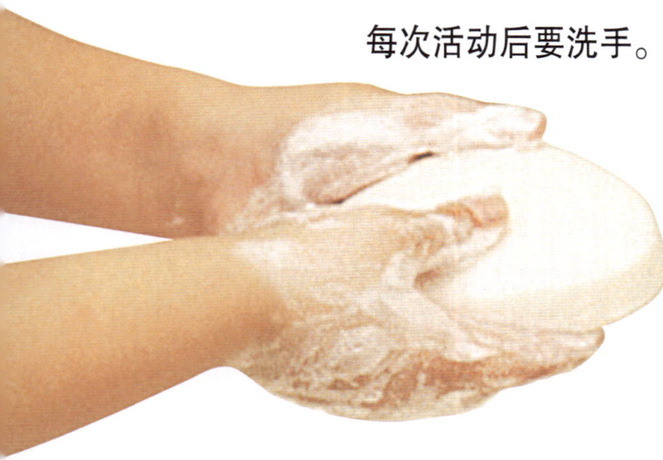

每次活动后要洗手。

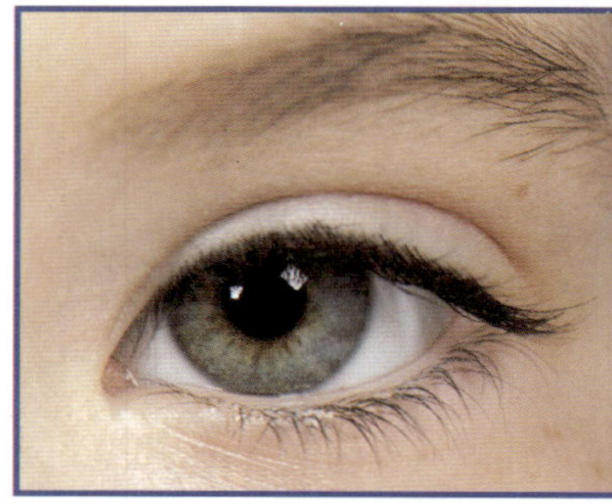

活动开始前将所有步骤反复读几遍。

当你看到 小心！ 字样时，一定要非常小心。

小心玻璃和尖锐的物品。

穿上罩衫或旧衣服。

按老师的
指令操作。

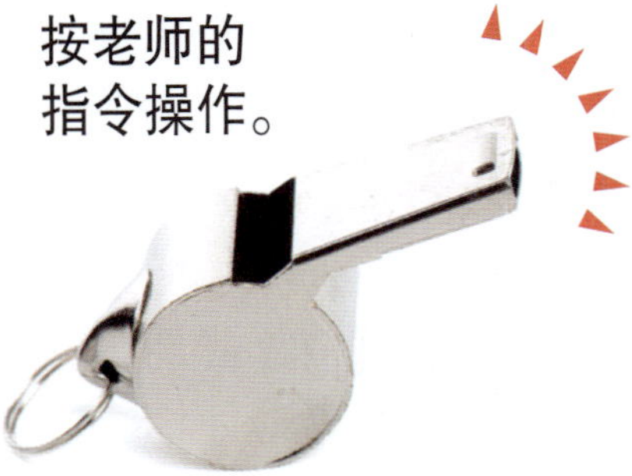

千万不要尝或
闻任何东西，
除非老师让你
这么做。

如果发生泼洒等意外事故，
立即报告老师。

保持实验场所整洁。
实验完成后要清理干净。

要求戴护目镜时，
请一定戴上。

科学
安全指南

户外

如果发生泼洒等意外事故，立即报告老师。

不要触摸植物或动物，除非老师让你这么做。

按老师的指令操作。

和你的小组成员待在一起。

千万不要尝或闻任何物品，除非老师让你这么做。

将生物放回你发现它们的地方。

不要将垃圾扔在地上。

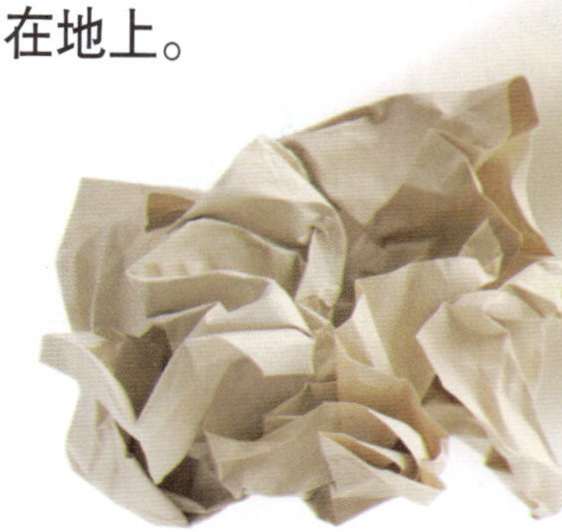

做一名科学家！

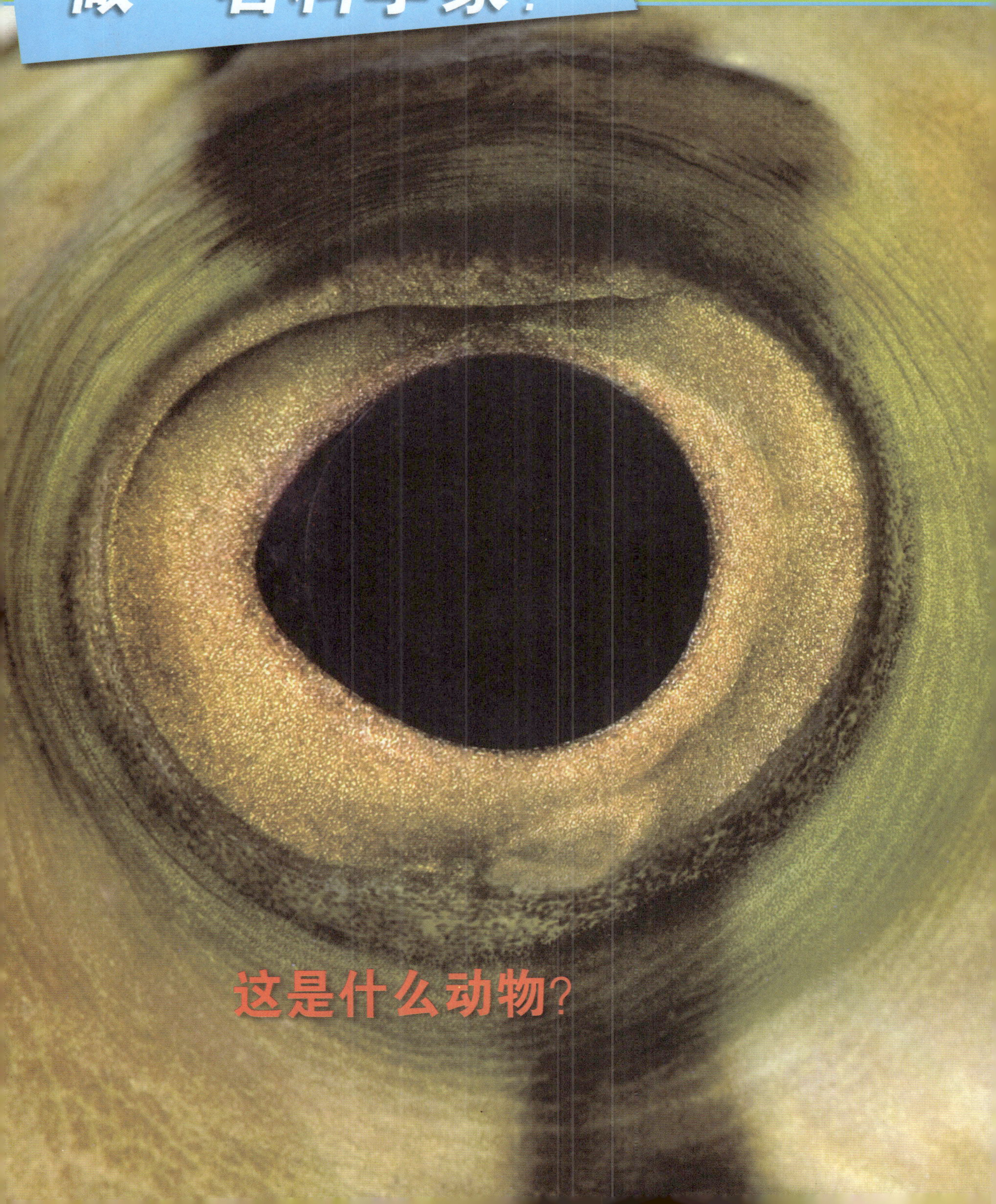

这是什么动物？

鱼!

你对你看到的事物感到惊奇吗?
你是如何发现你周围的世界的?

科学家使用各种技能来回答有关这个世界的问题。下面是他们使用的一些技能。

- 观察
- 推理
- 预测
- 交流
- 测量
- 排序
- 比较
- 分类
- 调查
- 建立模型
- 得出结论

科学家需要**观察**。
看这张图片，你从中发现了什么？

推　理

科学家需要**推理**。
这张照片是在天热时还是在天冷时拍摄的?

预测和交流

科学家需要**预测**。
气候变暖时，将会发生什么现象？

科学家需要**交流**。
与他人分享你的答案。

测 量

蚂 蚁

鸟

甲 虫

科学家需要**测量**。

哪种动物最小？

哪种动物最大？

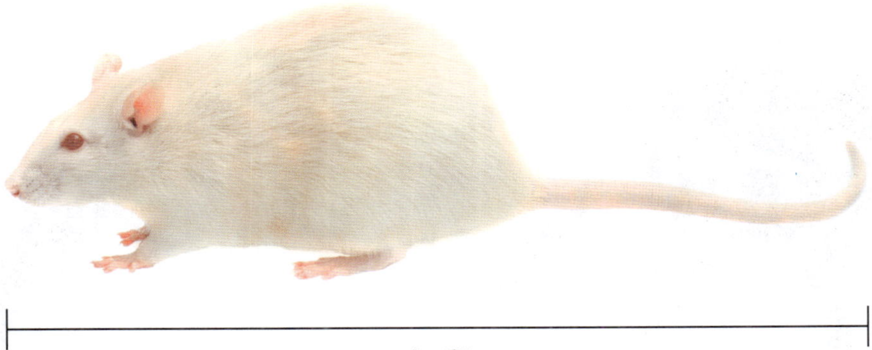

老鼠

科学家需要**排序**。

将这些动物按照从大到小的顺序进行排列。

比 较

大狼蛛

蜈蚣

蝴蝶

甲虫

科学家需要**比较**。

这些动物有哪些相同点？

有哪些不同点？

瓢虫

蜻蜓

飞蛾

蜘蛛

科学家需要**分类**。将类似的动物归入一组。

科学家需要**调查**。
蚂蚁长什么样？
你是怎么知道的？

建立模型和得出结论

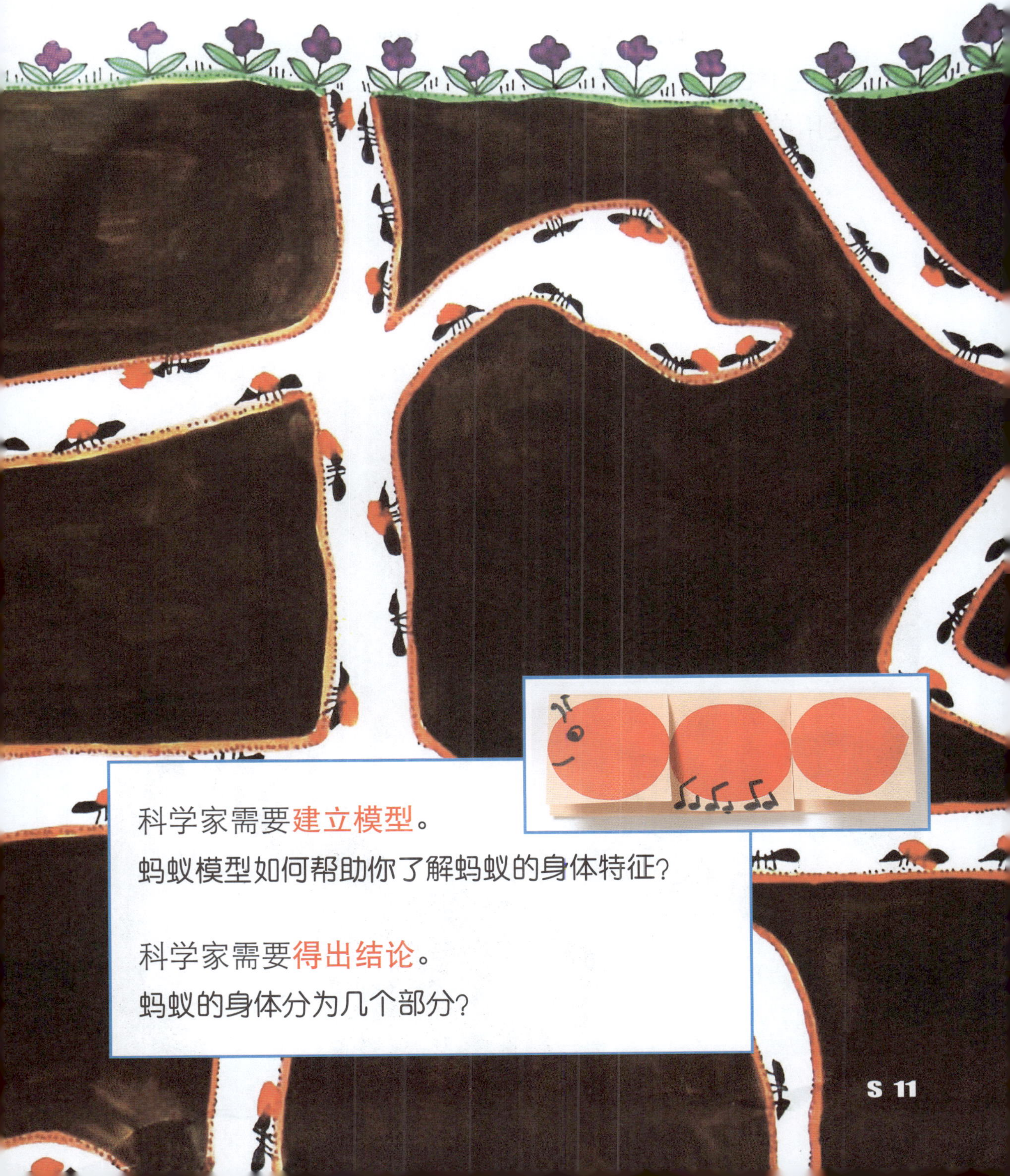

科学家需要建立模型。

蚂蚁模型如何帮助你了解蚂蚁的身体特征?

科学家需要得出结论。

蚂蚁的身体分为几个部分?

科学家使用各种技能来了解这个世界。右面是他们使用的一些技能。

- 阅读
- 使用图片
- 写作
- 收集信息
- 使用工具

阅读和使用图片

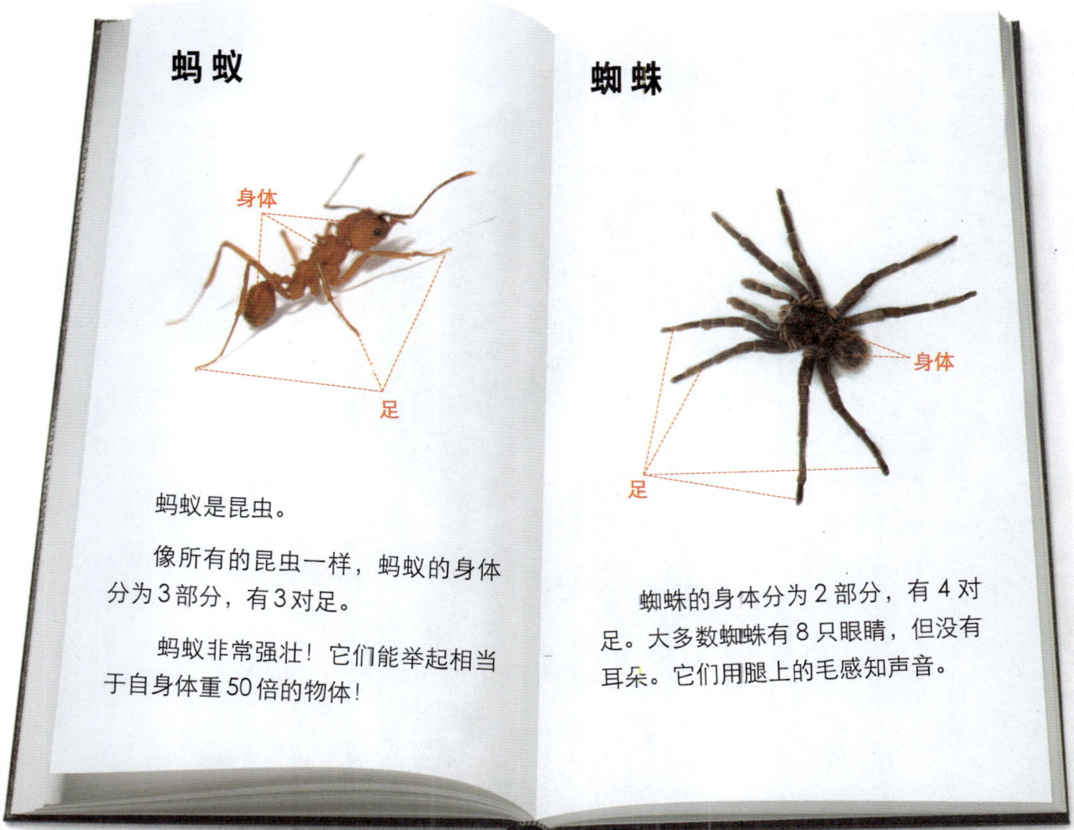

科学家需要阅读和使用图片。

蜘蛛是昆虫吗？

你是如何知道的？

写 作

科学家需要写作。
观察图片，写一写你看到的情景。

收集信息

科学家需要**收集信息**。

利用网络或书籍查找有关熊的资料。

使用工具

谁是科学家？
你！

科学家需要**使用工具**。
选用恰当的工具找出答案。

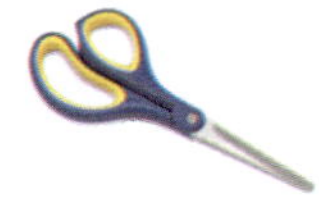

剪刀

镜子

放大镜

温度计

直尺

单元 A 植物是生物

植物是生物

瞧！

说说这种水果。

它是什么颜色的？

它产自哪里？

仔细瞧一瞧！

第1章 有关生物的一切

你想过吗？

什么是有生命的？孩子是有生命的。他的帽子是没有生命的。

探究技能 **观察（observe）**照片中还有什么是有生命的。你怎么知道这些东西是有生命的？

词汇

感官	A6
生物	A12
非生物	A13

LESSON 第1课

你的感官

准备

看一看，听一听，摸一摸，尝一尝，闻一闻。请你观察一下，图片中的孩子在干什么？

探究技能

当你看、听、摸、尝、闻的时候，你就是在**观察**。

探索活动

你观察到了什么?

活动步骤

1. **观察**各个物体。你看到了什么?对每个物体感觉如何?

2. 说说你观察到了什么。

3. 进一步探究 **观察**教室里的其他物体,它们像球或海绵吗?

材料

球

海绵

你是怎么看和听的?

你有5种感官(**sense**)。它们是视觉、听觉、味觉、嗅觉和触觉。你的感官帮助你发现和感知周围的世界。

你用眼睛看。当你观看时，你会发现物体是什么样子的。

你用耳朵听。当你聆听时，你会发现物体能发出什么声音。

孩子们是如何听的？

他们用耳朵听。

你是怎么尝、闻和摸的？

你用舌头尝。当你品尝时，你会发现你吃的食物是什么味道的。

你用鼻子闻。嗅觉会帮助你发现物体有什么气味。

你用手摸。当你触摸物体时，你会有所感觉。

这些孩子是如何运用他们的感官的？

他们用眼睛看、用手摸蜡笔。

思考和写作

1. 你的5种感官是什么？
2. 你吃东西时会用到哪些感官？

拓展阅读 阅读玛格丽特·米勒的《我的五种感官》。

LESSON 第2课

生物和非生物

准备

图片中，哪条狗是活的？哪条狗不是活的？你是如何知道的？

探究技能

当你观察物体有什么相同点和不同点时，你就是在**比较**(**compare**)。

探索活动

这些动物有什么不同点?

活动步骤

1. 观察下面的玩具动物。列一张表来描述它。
2. 观察这条狗。列一张表来描述它。
3. 比较两张表格。说说它们有什么不同点。
4. 进一步探究 将一条狗和一只猫进行**比较**。说一说它们有什么相同点和不同点。

材料

纸

铅笔

什么是生物?

生物(living things)会生长和变化。它们需要空气、食物、水和生存空间。它们能繁衍像它们自己那样的生物。动物、植物和人类都是生物。

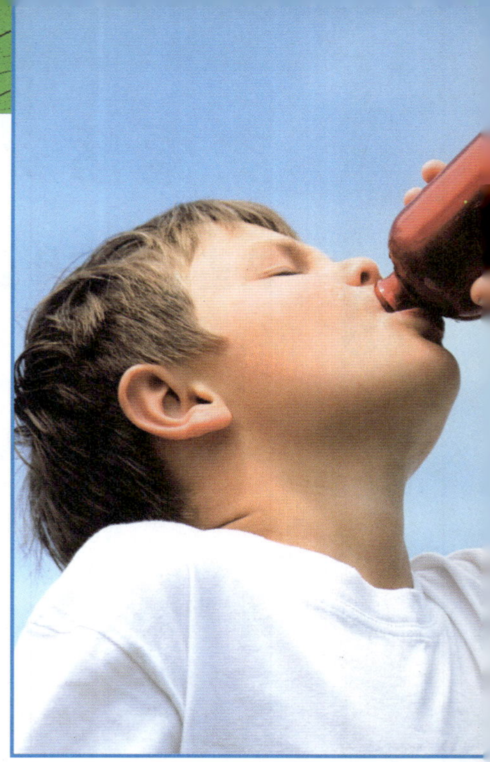

水

空气

小孩、植物和马都是生物。
他（它）们都需要空气、食物和水。

哪些图片显示的是生物?
你怎么知道它们是生物?

食物

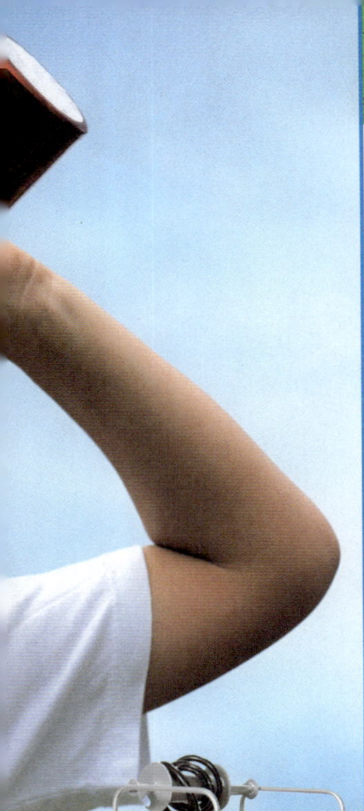

什么是非生物?

非生物(nonliving things)不能生长。它们不需要空气、食物和水。汽车和岩石都是非生物。汽车是由人类制造出来的，岩石则不是。

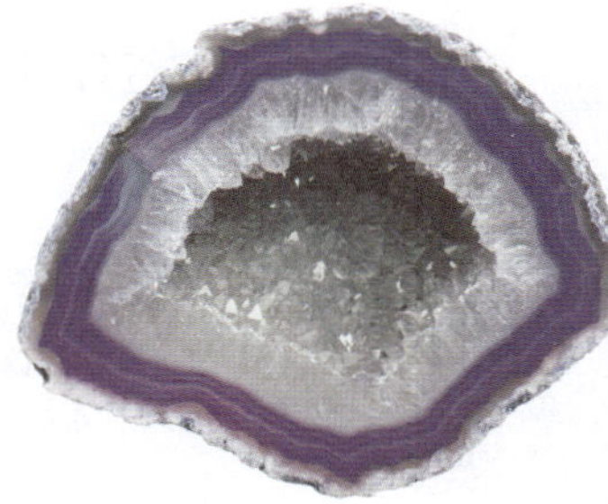

你怎么知道蜡笔是非生物?

它们不能生长、吃东西、喝水，不能繁衍更多像它们自己那样的物体。

思考和写作

1. 什么是生物?
2. 你如何判断某个物体是非生物?

家庭活动 和大人一起做寻找物品的游戏，找出3种生物，再找出3种非生物。

制作触摸图画

我们运用触觉了解物体。

试一试！

制作一幅触摸图画。找一些不同的物品，将它们粘在纸上。让同伴闭上眼睛摸这幅图画。他们能辨认出这些物品分别是什么吗？

科学阅览室之CD-ROM
选择《万能钥匙》，
学习更多有关生物的知识。

中国花园

有些花园看起来和下面这个花园一样，里面有生物和非生物。这个花园是一个宁静的场所。

试一试！

比较作文 (writing that compares)。

生物会生长，它们需要空气、食物和水。非生物不能生长。

比较花园里的生物和非生物。写出它们的不同点。

词汇

生物	A12
非生物	A13

利用方框中的词汇说一说下面4幅图。

1

2

3

4

科学思维

小朋友们在这里运用了哪些感官?

5

6

7

8 说说当你看、听、摸、尝和闻时，你用到了哪些感官。

探究技能：观察

你能观察到下列物体的什么特点？

9

10

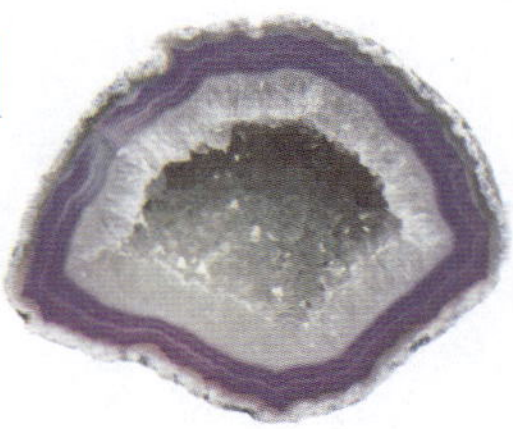

11

12

阅读：
雷切尔·李尔的《大吗？》

你想过吗？

探究技能 现在你知道有些物体是活的，是有生命的，有些物体则没有生命。**比较**一艘船和一条鱼。

第2章 观察植物

词 汇

氧气	A23
根	A32
茎	A36
树干	A37
叶	A38
种子	A42
幼苗	A46
花	A48
果实	A48

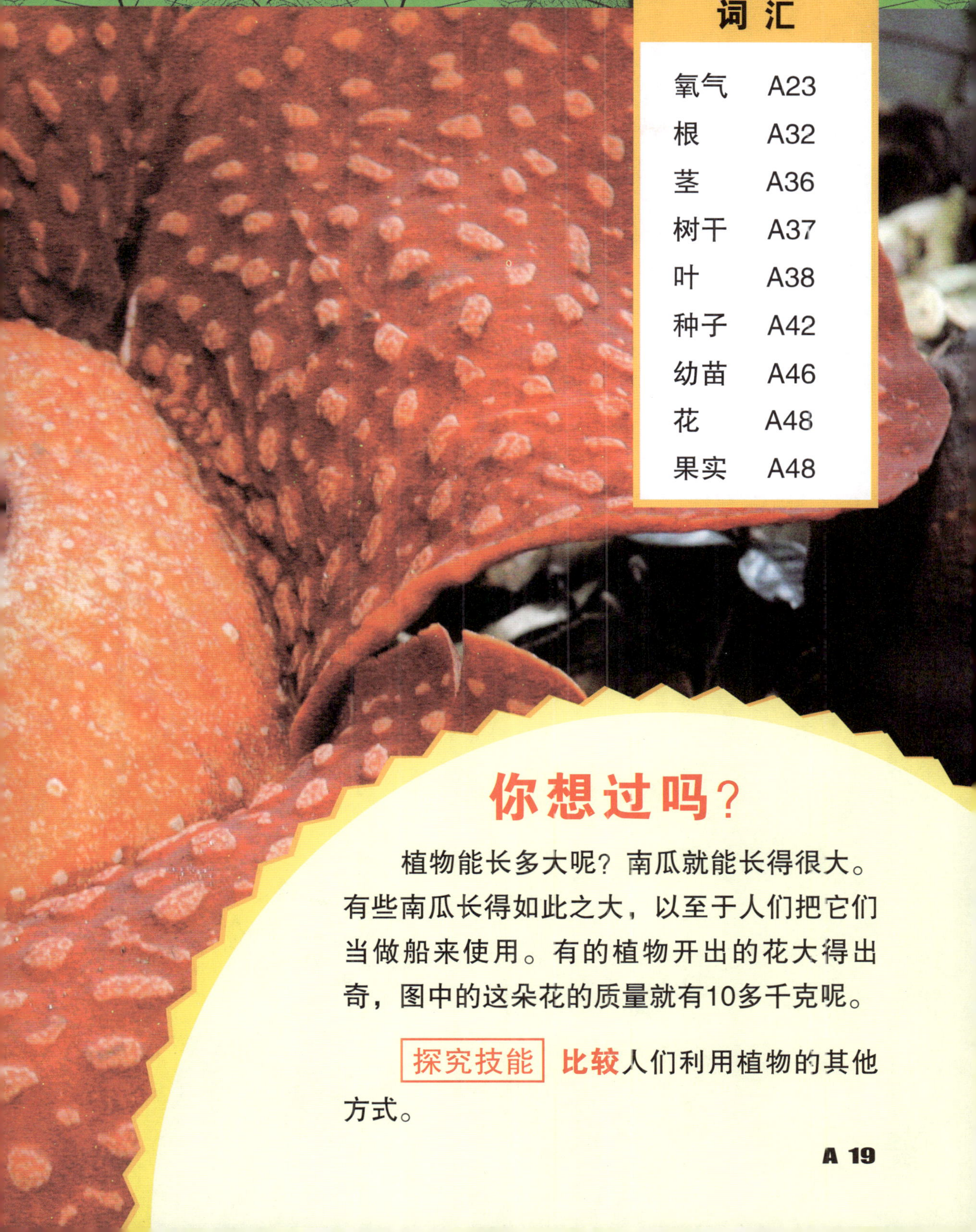

你想过吗？

植物能长多大呢？南瓜就能长得很大。有些南瓜长得如此之大，以至于人们把它们当做船来使用。有的植物开出的花大得出奇，图中的这朵花的质量就有10多千克呢。

探究技能 **比较**人们利用植物的其他方式。

LESSON 第3课

植物是生物

准备

观察这株植物。它正在获取它所需要的东西，那是什么呢?

探究技能

当你写作、绘图或讲述你的观点时，你就是在**交流(communicate)**。

探索活动

植物如果得不到水，那么会怎么样？

活动步骤

1 将两盆植物放在有阳光的地方。

2 给一盆植物浇水，另一盆不浇水。一周后观察两盆植物的生长情况。

3 进一步探究 与同学**交流**你看到的变化。

材料

两盆做了标记（有水、无水）的植物

水

植物生存需要什么条件？

植物是生物，它们的生长需要水、空气、空间和阳光。没有这些条件，它们就无法生存。

有水

无水

植物利用水、空气和阳光制造自身所需的养料。它们制造养料时，会释放出**氧气(oxygen)**。 人和动物则通过呼吸吸收氧气。

得不到所需条件的植物会怎么样呢？

得不到足够阳光、空气、空间和水的植物将会死亡。

有阳光

无阳光

你能在哪些地方发现植物?

你几乎可以在任何地方发现植物。哪里有能满足植物生存所需的条件，植物就会在哪里生长。

干旱、炎热的地方

寒冷的地方

植物自身所具有的特点也能帮助它们生存。仙人掌的刺有助于它生活在炎热、干旱的地方。有些树所具有的特殊根系有助于它们生活在潮湿的地方。

池杉生活在潮湿的地方

你能在哪些地方发现植物?

你能在寒冷、炎热、潮湿和干旱的地方发现植物。

思考和写作

1. 植物生存需要什么条件?
2. 为什么植物能生活在不同的地方?

家庭活动

和大人一起找一找你所生活的地区的植物。谈谈这些植物都生长在哪些地方。

第4课 LESSON

植物的器官

准备

仔细地观察一下。这些植物有什么相同点？有什么不同点？

探究技能

当你观察事物的异同时，你就是在**比较**。

探索活动

植物的器官有什么相同点和不同点？

活动步骤

1 先用肉眼观察植物，再使用放大镜观察。观察结束后洗净手。将每株植物画下来。

2 比较你所画的图。植物有相同的器官吗？把相同的器官圈出来，并说说它们的特点。

3 进一步探究 再次**比较**你所画的图。说说这些植物有什么不同点。

材料

完整的萝卜

完整的菊花

蜡笔

绘图纸

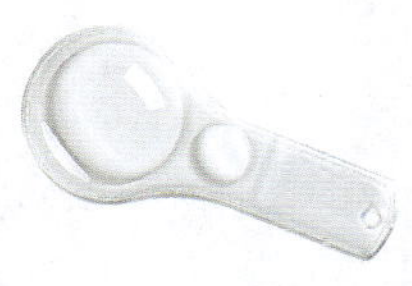

放大镜

植物有哪些器官?

大多数植物都有根、茎和叶。植物依靠这些器官维持生命。它们吸收植物生存所需的水、空气和阳光。

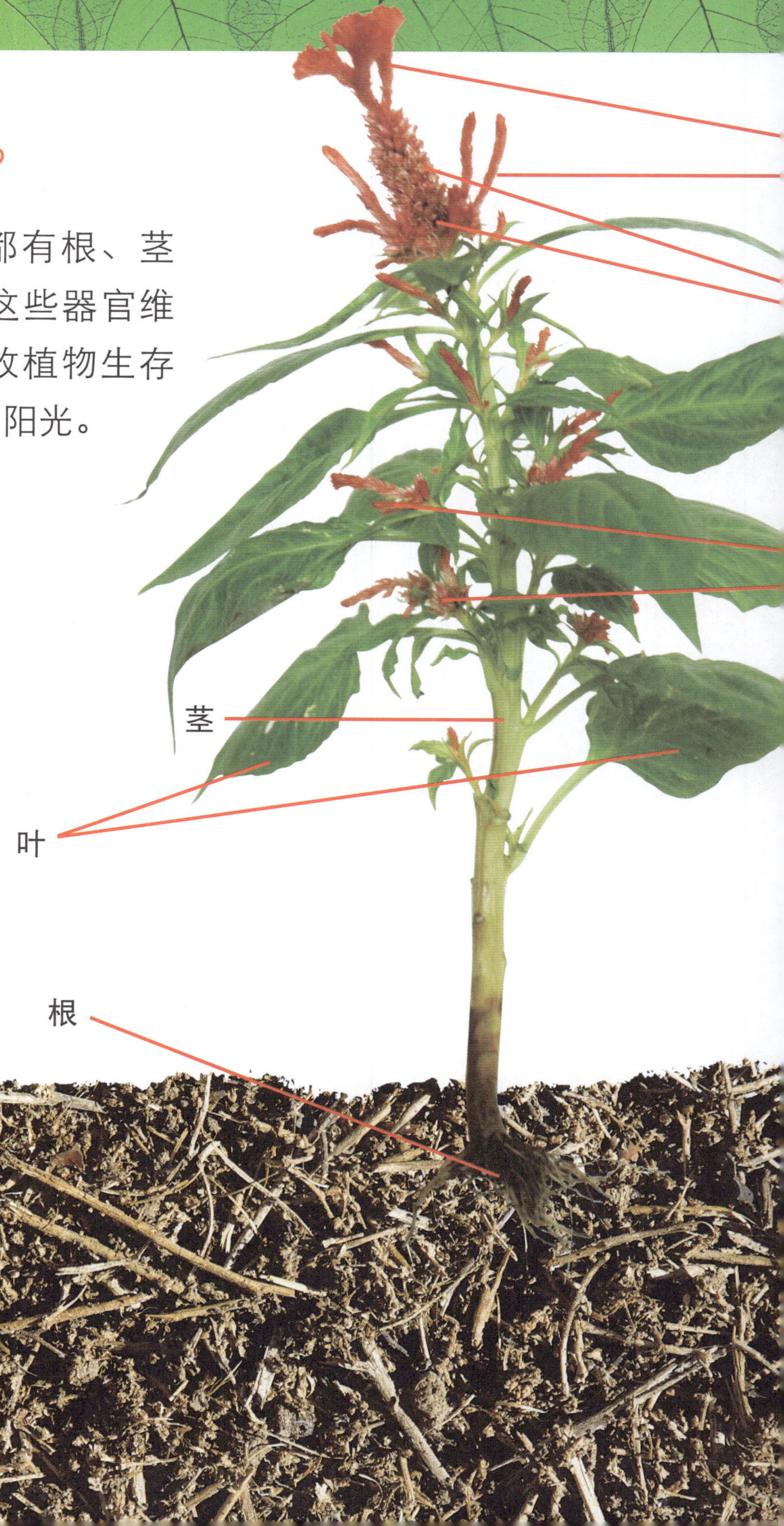

花

果实

种子

大多数植物还有种子。多数植物的种子来自于花。花长成果实。果实内含有种子。

有些植物的器官能吃，有些植物的器官却不能吃。

你看到雏菊有哪些器官？

花、茎、叶

雏菊

思考和写作

1. 大多数植物有哪些器官？
2. 大多数植物的种子来自于哪里？

登录 LOG ON 访问www.science.mmhschool.com，学习更多有关植物的知识。

LESSON 第5课

根

准备

一阵狂风刮过后，树并没有被吹走。是什么能让树待在原地不动呢？说说你是怎么知道的。

探究技能

当你写作、绘图或讲述你的观点时，你就是在**交流**。

探索活动

你观察到根的什么了？

活动步骤

1 轻轻地将植物从花盆里拔出来。

2 先用肉眼观察根，再使用放大镜观察。观察结束后洗净手。

3 将你观察到的根画下来。

4 进一步探究 **交流**为什么根对植物很重要。

材料

盆栽植物

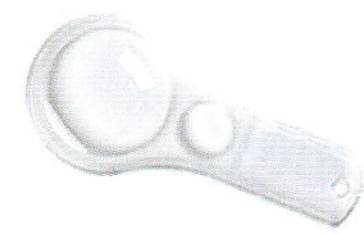

放大镜

蜡笔

根有什么作用?

根(root)为植物吸收水分。它们在土壤中向下生长，并将植物固定在地上。

带根的蒲公英

一些根在土壤中扎得很深，另一些根则扎得不深。

根为什么很重要?

根为植物吸收水分并将它们固定在地上。

思考和写作

1. 根有什么作用?
2. 所有的根看起来都是一样的吗?谈谈你的看法。

带根的植物

登录 LOG ON 访问www.science.mmhschool.com，学习更多有关根的知识。

LESSON

第6课 茎和叶

准备

植物需要吸收水分。根部吸收的水分被运送到植物的其他器官。可是，水分是如何到达植物的各个器官的呢?

探究技能

当你用观察到的结果解释已发生的现象时，你就是在**得出结论(draw a conclusion)**。

探索活动

水分是如何在植物体内运输的?

活动步骤

1. 将一朵花放在一个盛水的瓶中。
2. 将另一朵花的茎小心弯折，然后插入同一个瓶中。洗净手。
3. 第二天，观察这两朵花。
4. 进一步探究 根据你所看到的现象**得出结论**。

材料

2朵白花

1瓶有颜色的水

茎有什么作用?

茎(**stem**)将植物所需的水和养分运送到各个器官。它将水从根部运送到叶子，又将养分从叶子运送到植物根部及其他部位。茎还能支撑植物。

不同植物的茎的粗细和颜色各不相同。许多花草的茎非常细，呈绿色。大部分树的茎则非常粗壮，颜色很深，又叫做**树干(trunk)**。

水是如何被运送到叶子的？
养分是如何被运送到根部的？

茎将水从根部运送到叶子，又将养分从叶子运送到根部。

叶子有什么作用?

叶子(**leave**)为植物制造养料。叶子吸收空气，并利用阳光和根从土壤中吸收的水分制造养料。

枫叶

龟背竹叶

七叶树叶

银杏树叶

松树叶

不同的植物有不同的叶子。不同植物的叶子的形状、大小和颜色也不同。

这些叶子有什么相同点？有什么不同点？

相同点：它们都能吸收空气并利用阳光制造养料。

不同点：它们有不同的形状；一些叶子的边缘是光滑的，而一些叶子的边缘有锯齿。

忍冬叶

思考和写作

1. 茎有什么作用？
2. 叶子有什么作用？

登录 LOG ON 访问www.science.mmhschool.com，学习更多有关植物的知识。

第7课 LESSON

种子

准备

种子看起来并不都是一样的。请说说这些种子看起来有什么不同。

探究技能

当你根据事物的相似程度给它们分组时，你就是在**分类(classify)**。

探索活动

你如何给种子分类?

活动步骤

1 先用放大镜观察种子，再将种子分成几组。

2 观察每一组种子。将各种不同的种子粘贴到图表中。洗净手。填写图表。

3 进一步探究 用另一种方式给种子分类。和同学说说你这样**分类**的理由。

材料

种子

固体胶

放大镜

种子

什么是种子?

种子(seed)是植物的一部分，它能长成新的植物。

苹果

种子会长成能产生同类种子的植物。苹果种子会长成苹果树。

豌豆

南瓜

南瓜种子会长成什么？

南瓜植株。

思考和写作

1. 什么是种子？
2. 松树种子会长成什么？

家庭活动 与大人一起做水果色拉。你能看到什么种子？

LESSON 第8课

植物的生长和变化

准备

人们播下种子，并给它浇水。你认为种子会怎样变化？

探究技能

当你制订计划并进行实验时，你就是在**探究(investigate)**。

探索活动

种子生长需要什么条件?

活动步骤

1 将一粒种子放在干纸巾上，再将纸巾放入带拉链的塑料袋中。

2 取另一粒种子和湿纸巾重复上面的操作。

3 将两个袋子放在温暖的地方。洗净手。

4 几天后，先用肉眼观察这两粒种子。再用放大镜观察。

5 进一步探究 **调查** 如果一粒种子有光照射而另一粒无光照射，结果会怎么样。

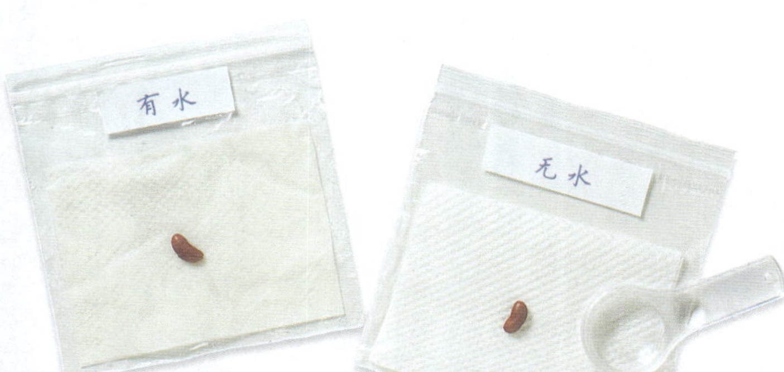

材料

种子

纸巾

水

放大镜

带拉链的塑料袋

种子如何生长?

种子有了水和温暖的环境就会生长。幼小的植物叫做幼苗(**seedling**)。

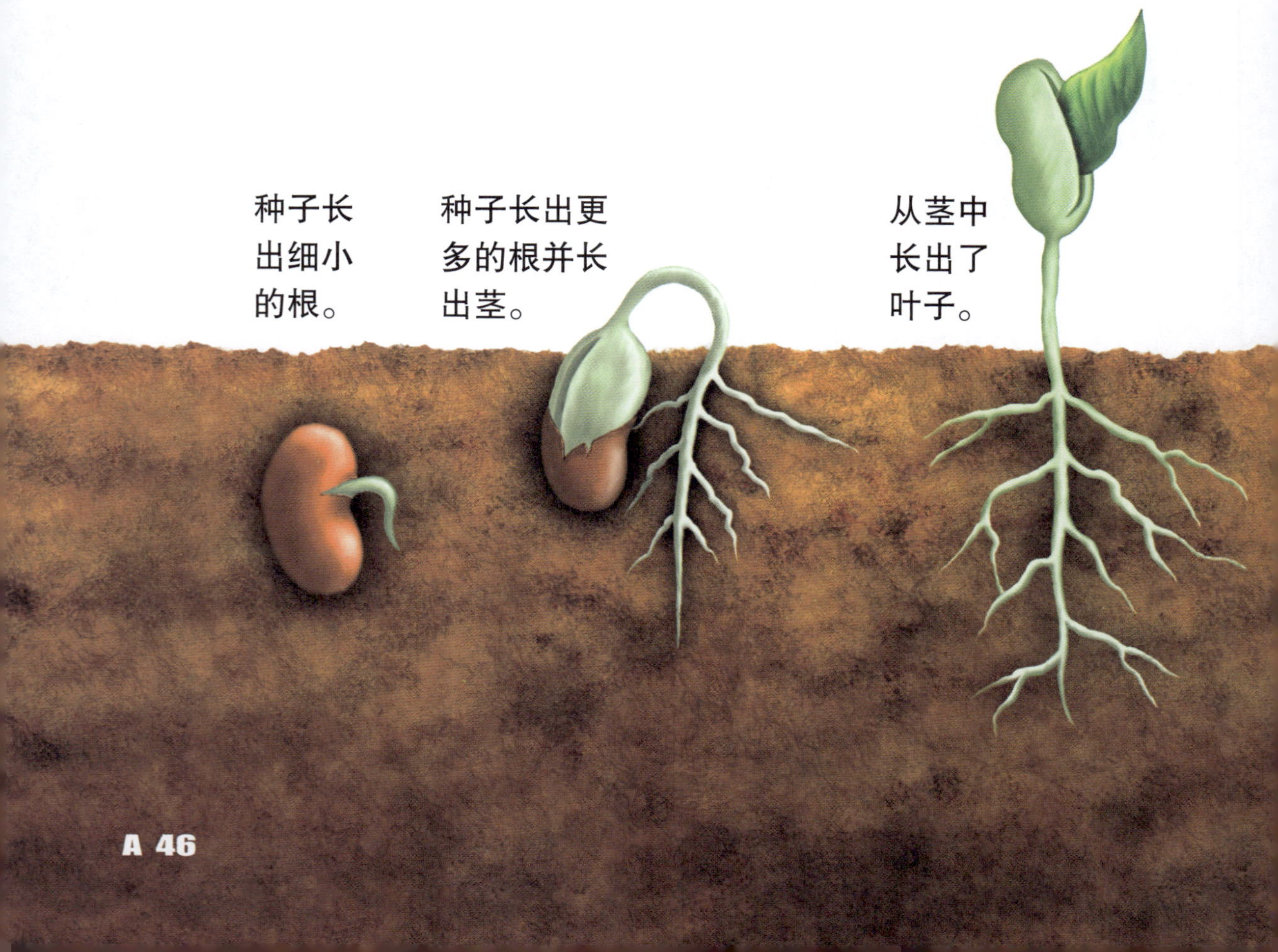

不久，它就会长成一株成年植物。它在很多方面看起来很像产生它的那株植物。然后，这株植物又会产生自己的种子。

现在这株幼小的植物叫做幼苗。

说说这粒种子是如何生长的。

首先，这粒种子长出了细小的根。然后，茎和叶长了出来。最后，根、茎和叶都长大了。

植物如何产生种子?

许多植物会开**花(flower)**。花会产生种子。**果实(fruit)**就是包裹种子的植物器官。种子可以长成新的植物。

成年植物会开花和结出果实。

北美黄松
球果

并不是所有的植物都会开花。松树就只长松球果，里面包裹有松树种子。植物生长的方式也各不相同。

松树与豆类植物的不同点是什么?

松树不会开花，但是豆类植物会开花。

思考和写作

1. 种子生长需要什么条件?
2. 花有什么作用?

拓展阅读　阅读罗伯特·马斯的《花园》。

北美黄松

阅读

链·接

适合于学校或家庭

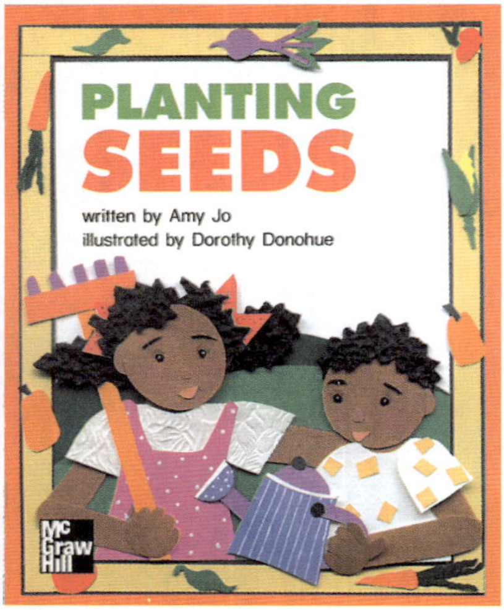

我们吃的植物

有些植物可以吃，但并非所有的植物都能吃。寻找一些人们为获取食物而播种的种子。阅读艾米•乔的《播种种子》。

试一试！

与大人一起，先列出我们能吃的植物名称，再列出我们不能吃的植物名称。写出或画出每个列表中的植物。

数学
链·接
适合于学校或家庭

观察植物生长

当大豆种子长成植株时，它就开始变化了。它变得越来越高，并且长出了叶子。

试一试！

与大人一起，播种一粒大豆种子。给它浇水，等它长成植株。每周测量它有多高。用图表表示它的高度。

科学阅览室之CD-ROM
选择《树的一生》，学习更多有关树的知识。

本章回顾

词汇

根　A32
茎　A36
树干　A37
叶　A38
种子　A42
幼苗　A46
花　A48
果实　A48

为下面8幅图各选一个词，每个词只能选一次。每幅图显示的是什么？

1

2

3

4

5

6

7

8

科学思维

9 说说这株植物各个器官的作用。

10 这株植物是如何生长的？说说哪个先长，哪个第二，哪个第三，哪个最后。

探究技能：比较

11 这些叶子有什么相同点？

12 它们又有什么不同点？

阅读：
维吉尼亚 · 阿诺德的
《一点一点地生长》。

你想过吗？

探究技能 植物到处都有。**观察**你在家里利用植物的方式。

画一画生物和非生物

画几张图画。确保你的图画中有：

- 你能看到的非生物
- 你能听到的非生物
- 你的自画像

然后，写出你生长和变化需要什么。

树的器官

画一棵苹果树。标出根、茎、叶和果实。然后写出果实里面有什么。

单元

B 动物是生物

动物是生物

瞧！

这是什么动物？它与你见过的其他动物有什么不同？仔细瞧一瞧！

第3章 观察动物

词汇

你想过吗？

这些幼仔是如何获得它们生长所需的食物的呢？这些幼仔还不会捕猎，它们的妈妈必须给它们提供食物，直到它们长大。

探究技能 **交流** 这些幼仔还需要什么？

LESSON 第1课

动物是生物

准备

这只鸟儿在做什么？这些鸟有生命吗？你是怎么知道的？

探究技能

当你运用已有的知识去解释某些现象时，你就是在**推理(infer)**。

探索活动

鸟是生物吗?

活动步骤

1 用纸卷、花生酱和鸟食做一个喂鸟器。洗净手。

2 将喂鸟器悬挂在室外。

3 每天观察喂鸟器。你看到了什么?

4 进一步探究 你能**推理**出鸟是生物吗?

材料

花生酱

纸卷

鸟食

线

小木棍

动物有什么相同点?

动物是生物。它们需要食物、水、空气和空间。没有这些，动物就无法生存。动物来自于像它们一样的动物。它们都能生长和变化。

鹦鹉

水牛

乌龟

大多数动物能从一个地方迁徙到另一个地方。它们迁徙可能是为了寻找食物、水或**藏身处(shelter)**。藏身处就是动物能安全居住的地方。

动物生存需要什么?

浣熊

动物有什么不同点?

有的动物很大，有的动物很小，有的小得你都看不见它们。

动物身上长有不同的覆盖物。有的长有皮毛，有的长有羽毛。

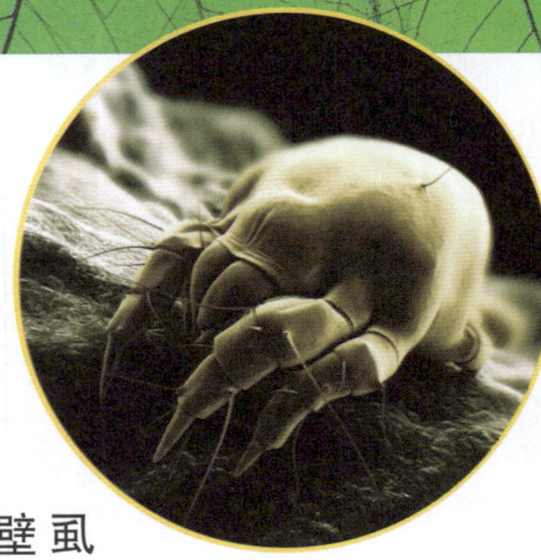

壁虱

雁

熊

菜粉蝶

蛇

不同的动物有不同数目的腿。有的有6条或6条以上的腿，有的有4条腿，有的只有2条腿，还有的根本就没有腿。

蛇

这两条蛇有什么相同点和不同点？

相同点：它们都有条纹。
不同点：它们的大小、颜色和花纹都不同。

思考和写作

1. 动物有哪些相同点？
2. 动物有哪些不同点？

家庭活动

查找动物图片。
说说它们有什么不同点。

LESSON 第2课

哺乳动物

准备

猫和狐狸是不同的动物，但是它们在某些方面很相似。和同伴说一说，猫和狐狸有什么相同点？

探究技能

当你和他人分享你的观点时，你就是在**交流**。

探索活动

这些宠物有什么相同点？

狗

猫

兔子

沙鼠

豚鼠

活动步骤

1. 比较这些图片中的宠物。
2. 制作一张两栏的图表。一栏写动物的相同点，另一栏写它们的不同点。
3. 进一步探究 与同伴**交流**动物有什么相同点和不同点。

相同点	不同点
都有皮毛	大小

什么是哺乳动物?

哺乳动物(mammal)是一群身体长有皮毛的动物。哺乳动物的妈妈给它们的幼仔喂奶。所有哺乳动物都能运动。有的会行走、奔跑或飞翔，有的会跳跃或游泳。

蝙蝠

美洲狮

袋鼠

海豹

蝙蝠、美洲狮、袋鼠和海豹都是哺乳动物。人也是哺乳动物。

哺乳动物有什么相同点？

它们都有皮毛，妈妈给自己的幼仔喂奶，它们都能运动。

人

思考和写作

1. 哺乳动物的妈妈给它们的幼仔喂什么？
2. 哺乳动物如何运动？

拓展阅读 阅读芭芭拉·贾斯特·爱思本森的《小鲸喝奶》。

LESSON 第3课

更多的动物种类

准备

这些动物有什么相同点？
你如何对它们进行归类？

探究技能

当你根据物体的相同点对物体进行归类时，你就是在**分类**。

探索活动

你如何给动物分类?

活动步骤

1 观察这些动物，将它们分成几组。画出分类圆圈。给每个圆圈注上标记。

2 分别说说每组中的动物有什么相同点。

3 进一步探究 用不同的方式给动物**分类**。它们有什么相同点?

材料

各种动物玩具

什么是鸟?

鸟是有羽毛的动物。它们有2条腿和1对翅膀。大多数鸟会飞，它们用肺(lung)呼吸。

老鹰

蓝鸲

这些鸟有什么不同点?

它们有不同的颜色和大小。
只有美洲鸵鸟不会飞。

澳洲鸵鸟

野鸭

什么是鱼?

鱼生活在水中。大部分鱼的全身长满了鳞片，它们用鳍游泳，用鳃(**gill**)呼吸。

天使鱼

金鱼

这两条鱼有什么相同点?

它们都有鳃、鳍和鳞片。

什么是两栖动物？

青蛙

两栖动物(**amphibian**)小时候在水中生活，长大了既能在水中生活，又能在陆地上生活。它们都有湿润的皮肤。青蛙就是两栖动物。

什么是爬行动物？

爬行动物(**reptile**)的皮肤干燥并覆有鳞片。有的爬行动物还有甲壳。乌龟和蛇都是爬行动物。

乌龟

青蛙的身体上覆盖着什么？乌龟和蛇呢？

青蛙的身体上覆盖着湿润的皮肤；蛇的身体上覆盖着鳞片；乌龟的身体上还长着甲壳。

鳞片

蛇

什么是昆虫?

昆虫(**insect**)是身体由头、胸、腹3部分组成，并有6条腿的动物。大多数昆虫都有较硬的外壳覆盖身体。大多数昆虫都有翅膀。

蜜蜂

蚂蚁

蚂蚁的身体分为头、胸、腹3部分

这些动物是昆虫吗?为什么?

是的。因为它们的身体都分为3个部分，并且都有6条腿。

思考和写作

1. 动物有哪5个种类?
2. 不同类动物的身上各有什么覆盖物?

蝴蝶

登录 LOG ON 访问**www.science.mmhschool.com**，学习更多有关动物的知识。

LESSON 第4课

动物的生长和变化

准备

观察这两张照片。

这个小女孩发生了怎样的变化？

探究技能

当你辨别物体的异同时，你就是在**比较**。

探索活动

毛毛虫是如何生长的?

材料

放大镜

毛毛虫幼体

活动步骤

1. 将毛毛虫放入盒子中。洗净手。
2. 用放大镜观察毛毛虫。画下你看到的现象。
3. 连续几天观察毛毛虫。画下你看到的现象。
4. 进一步探究 **比较**你所画的图。毛毛虫发生变化了吗?说说它是怎么变化的。

动物是如何生长和变化的?

小动物长得像它们的父母。当小狗刚出生时，它们既看不见东西，也不能行走。它们喝妈妈的奶水长大。它们不断地生长和变化，直到死亡。

狗如何生长

小狗出生几天后，才睁开眼睛，开始走路。它不断地长大着。鸭子出生时就能看见东西和走路，它长出了新的羽毛，也在不断地长大着。

刚出生时

3个月后

9个月后

鸭子如何生长

刚孵出时

4天后

3周后

鸭子是从蛋里孵化(**hatch**)出来的。它们一出生就能看见东西和走路。它们吃植物的种子。鸭子会不断地生长和变化，直到死亡。有的动物比其他动物活得更长久。

动物如何变化?

15个月后

4岁

6周后

成年

青蛙是如何生长和变化的?

青蛙在水中产卵，幼蛙由卵孵化而来。青蛙的幼仔叫做**蝌蚪(tadpole)**。蝌蚪用鳃呼吸。它们有尾巴，会游泳。它们吃东西，逐渐长大。

蝌蚪长出了腿和肺，它的尾巴消失了，变成了小青蛙。小青蛙慢慢地长大，变成了一只成年青蛙。

青蛙如何生长

经过一段时间，蝌蚪长出腿和肺。它们的尾巴变得越来越短。它们爬到陆地上，开始用肺呼吸。这时，它们就变成了小青蛙，并逐渐长大，直到死亡。

青蛙

蝌蚪如何变化？

见左边。

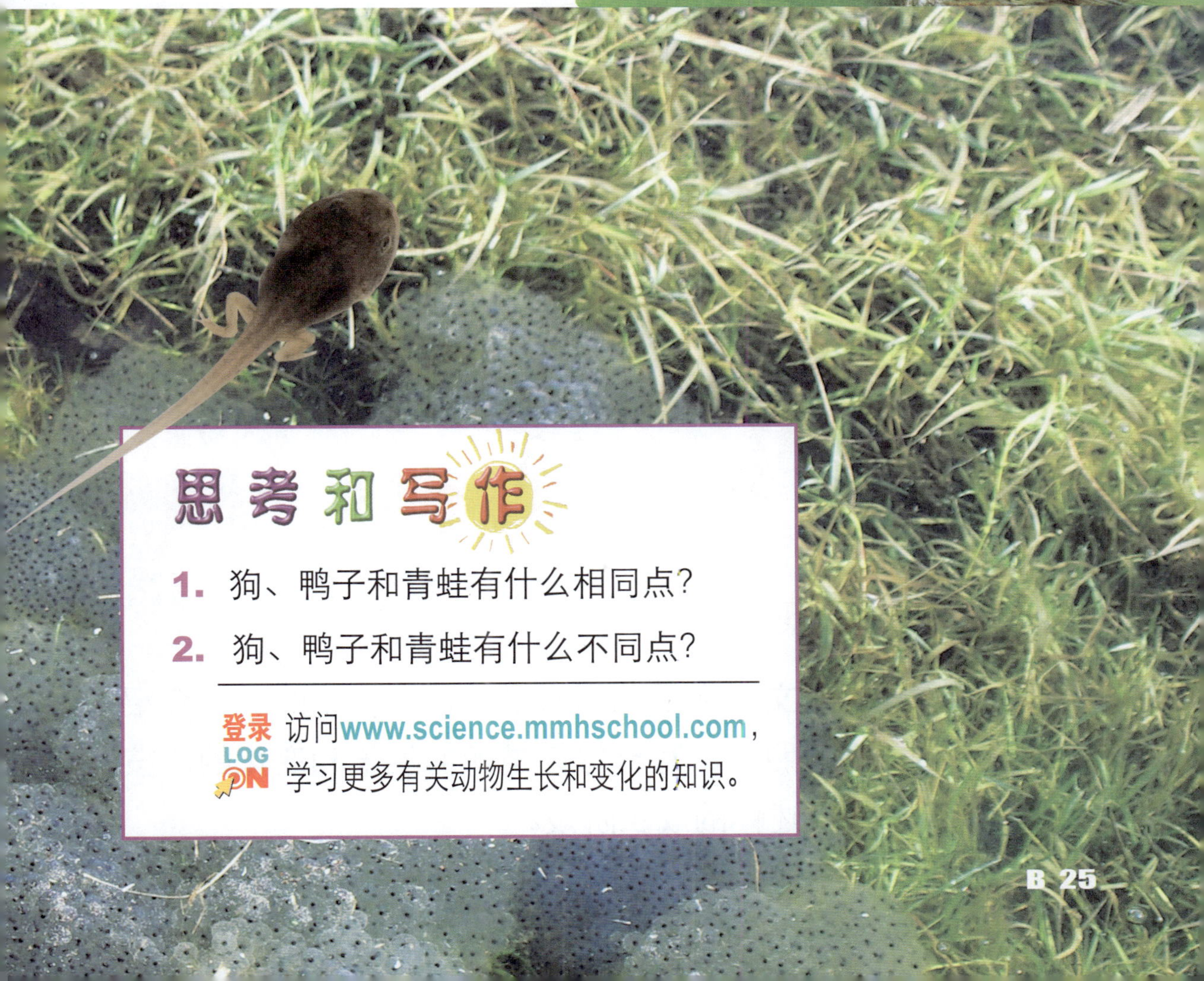

思考和写作

1. 狗、鸭子和青蛙有什么相同点？
2. 狗、鸭子和青蛙有什么不同点？

登录 LOG ON 访问www.science.mmhschool.com，学习更多有关动物生长和变化的知识。

写作
链·接
适合于学校或家庭

说说你是怎样长大的

像所有的动物一样，人也会生长和变化。随着年龄的增长，人的模样会发生变化。人长大后，就会做各种各样不同的事情。

试一试！

写篇说明文。你婴儿的时候是什么样子的呢？介绍你自己的照片。写一写你是如何生长和变化的。按照顺序讲述你的成长阶段。

画出动物的住所

弄清楚海狸建造的住所是什么样子的。阅读凯瑟琳·M. 塔布琳的《海狸筑坝》。

试一试！

想象一下你的房子。

- 它会是什么样子的？
- 你会把它建在哪里？
- 你会用什么来建造它？

把你的房子画下来。说说它是如何让你感到安全和温暖的。

本章回顾

词汇

哺乳动物	B12
肺	B16
鳃	B17
两栖动物	B18
昆虫	B19
蝌蚪	B24

为下面6幅图各选一个词，每个词只能选一次。每幅图显示的是什么？

1

2

3

4

5

6

各种动物分别用什么器官呼吸？

科学思维

7 这些小猫在做什么？

8 动物为什么会运动?

9 小动物是如何生长和变化的?

探究技能：分类

10 说说下面各个动物在右表上的位置。

乌龟

野鸭

蜜蜂

狐狸

青蛙

金鱼

种类	动物名称
鸟	
昆虫	
两栖动物	
爬行动物	
鱼	
哺乳动物	

你想过吗?

探究技能 **比较**蝌蚪和青蛙。说说它们有什么相同点和不同点。

第4章 动物如何满足自身的需要

词汇

食物链 B35
沙漠 B40
草原 B41
森林 B41
海洋 B42
池塘 B43

你想过吗？

小蚂蚁是如何搬动一片大叶子的呢？许多蚂蚁会一起合作。它们将叶子咬碎，然后搬到家里。

探究技能 **调查（investigate）** 蚂蚁为了满足自身的需要，还使用了哪些方式。

LESSON 第5课

动物怎样获取食物

准备

蜻蜓吃昆虫。青蛙吃蜻蜓。什么吃青蛙呢?

蜻蜓

探究技能

当你说出先发生什么，接着发生什么，最后发生什么时，你就是在**排序**(**in order**)。

探索活动

动物吃什么?

活动步骤

1 在一张条形纸上画苍鹭，在另一张条形纸上画蜻蜓，在最后一张条形纸上画青蛙。

2 从最先被吃的动物开始，对这些动物进行排序。

3 做一个链。将动物按照它们捕食的先后顺序粘结在一起。

4 进一步探究 画一只鸟、一只猫和一条虫子，做上述同样的活动。说说你是如何给动物**排序**的。

材料

条形纸

剪刀

固体胶

蜡笔

动物吃什么?

所有动物都需要食物才能生存、运动和生长。有的动物吃植物，有的动物吃其他动物，还有的动物既吃植物又吃其他动物。

太阳

植物

地鼠

蚱蜢

食物链(food chain)表示动物吃什么。在这条食物链中，首先蚱蜢吃植物，然后地鼠吃蚱蜢，最后郊狼吃地鼠。

这些动物吃什么？

蚱蜢吃植物，地鼠吃蚱蜢，郊狼吃地鼠。

郊狼

动物靠什么获取食物？

动物用器官获取食物。它们有的用颚，有的用锋利的牙齿和爪子，有的用长长的舌头。

乌龟

老虎

变色龙

鸟喙的形状有助于它获取食物。有的鸟喙能剥开种子，有的鸟喙可捕鱼，还有的鸟喙会捡果子。

锡嘴雀

苍鹭

巨嘴鸟

这些动物用什么器官获取食物?

乌龟用颚，老虎用锋利的牙齿和爪子，变色龙用舌头，鸟用喙。

思考和写作

1. 什么是食物链?
2. 动物靠什么获取食物?

登录 LOG ON 访问www.science.mmhschool.com，学习更多有关动物的知识。

LESSON 第6课

动物住在哪里

准备

这是一只北极熊。这幅图片显示了它住在哪里。你如何表示这只熊住的地方?

探究技能

当你制作某个东西来表示一个地方或一个物体时，你就是在**建立模型**(**make a model**)。

探索活动

北极熊住在哪里?

活动步骤

1 建立模型来表示北极熊住的地方。画一张北极熊的像，将它粘贴在你的盒子中。

2 将棉花粘贴在你的盒子中，表示雪。

3 进一步探究 再选择一种动物，**建立模型**来表示它住的地方。

材料

鞋盒

纸

棉花

固体胶

蜡笔

陆生动物住在哪里?

动物居住在它们能找到食物、水，以及易于避险的地方。

沙漠(desert)是降水量极少的地方。许多沙漠动物从它们所吃的食物中获得水分。住在沙漠里的动物有蜥蜴、蛇和骆驼等。

沙漠

蜥蜴

草原

草原(**grassland**)是草资源非常丰富的地方。草原上的许多动物以吃草为生。

森林(**forest**)里有很多树和其他植物。有些动物把树当做藏身处。

这些动物为什么住在这里呢?

森林

猫头鹰

动物们住在这里，能找到它们需要的食物、水，并且易于避险。

水生动物住在哪里?

海洋(**ocean**)很大，水是咸的。海洋动物从海洋中获取食物。

鲸

海洋

水母

池 塘

龙 虾

池塘 (pond) 很小，池塘水是淡水。淡水是几乎不含盐的水。许多动物生活在池塘中，从池塘中获取食物。

? 这些动物能从它们住的地方获取什么？

思考和写作

1. 动物能从它们住的地方获取什么？
2. 列出陆地动物居住的两个地方。

家庭活动

谈谈你们家附近有什么动物居住。

LESSON 第7课

动物怎样保护自己

准备

你在叶子中间看到蛇了吗？是什么让它难以被发现呢？

探究技能

当你利用已有的知识去推测新的结论时，你就是在**推理**。

探索活动

是什么让动物难以被发现呢?

活动步骤

1 盯着报纸看15秒。你看到了哪些鱼?

2 记下你所看到的鱼的种类及数量,然后与你的同学交流一下。

3 进一步探究 **推理**是什么让动物难以被发现。

材料

贴有纸鱼的报纸

动物如何保护自己？

有些动物的体色与周围的环境融为一体，这样可以有效地帮助它们保护自己。冬天，这只狐狸的皮毛是白色的，这让那些饥饿的动物难以在雪地里看见它。

狐狸 冬天的颜色

变色龙

有些动物的体形能帮助它们保护自己。这只昆虫看起来就像是植物的一部分，当它藏身在植物中时，饥饿的动物就无法发现它。这头豪猪尖锐的刚毛有助于它保护自己，免遭其他动物的伤害。

竹节虫

举例说明动物是如何保护自己的。

变色龙的体色与环境融为一体，竹节虫看起来就像一根树枝，其他饥饿的动物无法轻易地看见这些动物。豪猪有尖锐的刚毛。

豪猪

动物还用哪些方式保护自己？

有些动物靠奔跑来保护自己。这两只鹿一蹦一跳地跑开了。有些动物躲藏起来保护自己。这只土拨鼠安全地藏在它的洞穴中。

鹿

土拨鼠

有些动物待在家里保护自己。这只海狸就安全地待在它的家里。它用牙齿建造自己的家。

海狸

思考和写作

1. 说说体色和体形如何帮助某些动物保护自己。
2. 说说一些动物如何靠运动或躲藏保护自己。

刺猬

你认为刺猬如何保护自己?

刺猬遇到危险时会蜷缩成球状。

刺猬
保护自己

家庭活动

表演某些动物保护自己的运动方式。

社会研究 链·接

适合于学校或家庭

石洞壁画

很久以前，人们就开始画动物的像。他们将动物画在石壁上。我们就是从这些图画中知道了很久以前的生物。

试一试！

制作“石洞壁画”。画一张生活在今天的动物的像。画出人们如何使用它。

数学

链·接

适合于学校或家庭

显示和比较数据

胡安制作了一张图表表示他在公园里看到的动物。

试一试！

胡安看到的鸟多还是兔子多？列一个减法式子表示你的答案。

科学阅览室之CD-ROM

选择《不要成为盘中餐》，学习更多有关动物的知识。

本章回顾

词汇

食物链	B35
沙漠	B40
草原	B41
森林	B41
海洋	B42
池塘	B43

为下面6幅图各选一个词，每个词只能选一次。每幅图显示的是什么？

1

2

3

4

5

6

科学思维

7 这种动物如何保护自己？

8 说说谁吃谁。

探究技能：交流

9 这只鸟的喙是如何帮助它获取食物的？写一写或说一说。

阅读：
维加里·阿普鲁的《在湖中》，
K.V.库德林斯基的《我们繁忙的树》。

你想过吗？

探究技能 动物到处都有。选择生活在不同地方的两种动物，**比较**它们有什么相同点和不同点。

动物图画

画一种你知道的动物，确保你的图画能回答这些问题：

- 你所画的动物需要怎样的生存条件？
- 它属于哪一种类的动物？标出来。

动物需要什么？

建立模型表示一种动物居住的地方。确保你的模型能回答这些问题：

- 哪种动物居住在那里？
- 这些动物吃什么，喝什么？
- 这些动物在哪里能找到藏身处？

供你参考

你的身体

你身体的每个器官都有特定的功能。

大脑

你的大脑指挥你的身体该做什么。

心脏

你的心脏泵血。

肺

你的肺帮助你呼吸空气。

骨骼

你的骨骼帮助你塑造体型。

胃

你的胃将食物消化。

肌肉

你的肌肉帮助你运动。

照顾你的身体

清洁你的身体。

用牙刷或牙线清洁你的牙齿。

护理你的头发和指甲。

坐直和站直。

饭前便后要洗手。

在你接触的物体上有许许多多的细菌。
有些细菌会让你得病。

要经常洗手。

吃健康食品

健康食品给你的身体提供能量。有了能量，你才能行走、玩耍和运动。你需要能量来帮助你成长和保持健康。

选择健康食品。

奶类食品有助于你的牙齿和骨骼的生长。

水果、蔬菜、面包和粮食能给你提供能量。

肉类食品能帮助你的肌肉生长。

坚持运动，保证休息

每天坚持运动。

保证足够的睡眠和休息。

这样有助于你成长！

保持健康

每年做一次体检。

你的身体会不断地生长和变化。

医生能帮助你健康成长。当你生病时，医生可以帮助你恢复健康。

注意室内安全

有些物品非常危险。当你发现危险物品时，马上告诉大人。

注意户外安全

与他人和谐相处

与他人一起愉快地学习和玩耍。

相互尊重对方的感受。

向别人表示你在乎他们。

译者后记

美国基础教育的各门课程都由各州制定课程标准，唯有科学这门学科的课程标准是国家统一的。在美国《国家科学教育标准》的前言《行动的号角》中有这样一段话：

“我们这个国家已经把所有的学生都具有良好的科学素养作为自己的一个既定目标。”

“我们大家，无论作为个人还是作为社会，同科学素养都是利害攸关的。懂科学，你才有可能领略到你在领悟自然界的事理时油然而生的充实之感和兴奋之情。”

“有良好的科学素养，你才有可能运用科学的原理和方法去做个人的各种决策，去参加讨论关乎全社会的各种科学问题。”

“有很扎实的科学基础可以强化人们日常所用的许多能力，诸如创造性地解决问题的能力、运用判断进行思维的能力、在集体中协同工作的能力、有效地运用技术的能力、懂得活到老学到老的价值等等。”

“我们社会的经济生产率与我们的劳动大军的科学本领和技术能力是密不可分的。”

“科学教育采用的教学新方法必须能反映科学本身的实际做法，强调把科学探究作为获取知识和认识世界的一种方法。”

“这部标准所着眼的是这样一种未来：每个美国人都深谙基本的科学观念和基本的科学方法，因而都能生活得较为充实，工作得较为高效。这是为美国描绘出的一幅充满巨大希望和乐观主义精神的图景， 一幅可以作为我们社会的一种巨大凝聚力的图景。”

这几段话值得我们每个人深思。

我们翻译的这套丛书，正是由美国科学家、教育家共同编撰，由麦克米伦公司出版的美国小学科学教材。它内容丰富、图文并茂，表达方式生动有趣，特别重视科学探究活动的设计，是“行动的号角”的具体体现。

我们相信，这套丛书作为中国小学生《科学》教材的补充和扩展，将会带给中国孩子对科学的无限热爱，带给他们“创造性地解决问题的能力”和“运用判断进行思维的能力”，带给他们良好的科学素养和“充满巨大希望”的美好的未来。

我们希望，这套丛书所体现的现代教育理念不仅对学习科学，而且对小学生学习任何一门课程都会有极大的好处。

为了便于小学生阅读，我们将6本教材根据科学内容分成了18本，书目中的1、2、3、4、5、6对应小学的6个年级。稍有遗憾的是，书中涉及的科学网站和课外读物还没有中文的译本，只能请家长和科学教师帮助小学生寻找中文科普网站和科学读物替代。

感谢李劲、李伟、张先锋、江明喜、徐世球、王叶红、唐兆子、徐明、何维真、沈斌、王阅春等各学科专家为丛书审稿；感谢黄海旺、章鼎儿、路培琦、李子平、武红、卢新祁、韩绪金、黎小抗、彭香、娄立新、姚晓春、郎盛新、马学军等小学科学教育专家和小学科学教师担任本丛书的编委并给予指导，还要感谢汪忠、孙望安等领导同志和樊英女士对翻译出版这套丛书的关心与支持。

姜允珍

2009年12月

科学启蒙版权声明

科学启蒙 生命科学①

Lucy H.Daniel, Jay Hackett, Richard H.Moyer, JoAnne Vasquez
Macmillan/McGraw-Hill Science Grade 1
ISBN 0-02-281211-3

浙江省版权局著作权合同登记号： 11-2009-79

图片版权说明

本册使用的图片，如无说明，均由美国麦克米兰／麦格劳-希尔教育图书公司（MMH）免费提供。其他图片由君红阅读（北京）出版咨询有限公司 (Junhong) 提供，仅供本书中文简体字版使用。图片版权说明如下：

Cover:Stockxpert Image/Jupiter; I: Stockxpert Image/Jupiter; III: liquidlibrary Image/Jupiter; IV: l. Brand X Pictures/Jupiter; r. Stockxpert Image/Jupiter; V: l. Stockxpert Image/Jupiter; r. AbleStock.com Image/Jupiter; VI: l., r.: Stockxpert Image/Jupiter; XV: cr. Stockxpert Image/Jupiter; tr. BananaStock/Jupiter; XVI: tl., bc., bl. Stockxpert Image/Jupiter; tr. BananaStock/Jupiter; SO、S1、S2: Stockxpert Image/Jupiter; S3: bkgd and frog: Stockxpert Image/Jupiter; redesigned by Junhong; S4-5: Stockxpert Image/Jupiter; S6: tl. Brand X Pictures/Jupiter; tr., b. Stockxpert Image/Jupiter; S7: t., b.: Stockxpert Image/Jupiter S8: tl. PhotoObjects.net Image/ Jupiter; tr., c., b. Brand X Pictures/Jupiter; S9: tl. Stockxpert Image/Jupiter; tr., cl. Brand X Pictures/Jupiter; br. Comstock Images Image/Jupiter; S10-11: Junhong; S12: Goodshoot Image/Jupiter; S13: l., r., S14-15: Stockxpert Image/Jupiter; S16: Stockxpert Image/Jupiter; A0, A1, A2-3: Stockxpert Image/Jupiter; A4 inset, A4-5, Stockxpert Image/Jupiter; A6: Stockxpert Image/Jupiter; A8: t. Stockxpert Image/Jupiter; b. Goodshoot Image/Jupiter; A8-9: BananaStock Image//Jupiter; A10: bkgd, inset: Stockxpert Image/Jupiter; A11: Stockxpert Image/Jupiter; A12-13: Goodshoot Image/Jupiter; A12: Inset: Photos.com Image/Jupiter; b. Stockxpert Image/Jupiter; A13: tr. PhotoObjects.net Image//Jupiter; cl. AbleStock.com Image/Jupiter; br. Stockxpert Image/Jupiter; A14: tr. Stockxpert Image/Jupiter; A15: Photos.com Image/Jupiter; A16: tl. AbleStock.com Image/Jupiter; tr., cr. Stockxpert Image/Jupiter; bc., br.: Goodshoot Image/Jupiter; A17: tr.: Photos.com Image/Jupiter; tl., bl. Stockxpert Image/Jupiter; A18-19, A20-21, A22 tl. A22-23 bkgd: Stockxpert Image/Jupiter; A22: br. Photos.com Image/Jupiter; A24: l. Stockxpert Image/Jupiter; A24-25. Photos.com Image/Jupiter; A 25: Comstock Image/Jupiter; A26-27: Stockxpert Image/Jupiter; A28: 张成静；A 28-29, A30-31,32-33 soil Stockxpert Image/Jupiter; A32:Dandelion Junhong；A33, A34-35, A36-37: Stockxpert Image/Jupiter; A37: Polka Dot Images/Jupiter; A38 l. Stockxpert Image/Jupiter; cr. PhotoObjects.net Image/ Jupiter; A38-39: tr. Thinkstock Images/ Jupiter; A39: l. AbleStock.com Image/Jupiter; r., b.: Brand X Pictures/Jupiter; A40: A42: t., A42-43: t., b.: Stockxpert Image/Jupiter; A42: r.: Thinkstock Images/ Jupiter; A43: tl., tr. b.: Stockxpert Image/Jupiter; A44-45, A46-47, A48: t., bl. inset.: Stockxpert Image/Jupiter; A49: r. Comstock Image/Jupiter; inset Photos.com Image/Jupiter; A52: tr. Brand X Pictures/Jupiter; cl. Polka Dot Images/Jupiter; cc., cr., bc., br. Stockxpert Image/Jupiter; bl. 张成静；A52, A53 soil Stockxpert Image/Jupiter; A53: tr. Dandelion Junhong； c. Stockxpert Image/Jupiter; bcl. PhotoObjects.net Image/ Jupiter; bcr. Stockxpert Image/Jupiter; br. Thinkstock Images/ Jupiter; B0, B1: bkgd, inset, Stockxpert Image/Jupiter; B2-3: Photos.com Image/Jupiter; B4-5 ? B6, B6-7, B7: t., b., B8: t., l., r., Stockxpert Image/Jupiter B9: l., Stockxpert Image/Jupiter; tr. Brand X Pictures/Jupiter; b. PhotoObjects.net Image/Jupiter; B10-11: Photos.com Image/Jupiter; inset Stockxpert Image/Jupiter; B11: tl. Photos.com Image/Jupiter; tr. bl. bc. br. Stockxpert Image/Jupiter; B12: t. PhotoObjects.net Image/Jupiter; l. Comstock Images Image/Jupiter; B12-13: Stockxpert Image/Jupiter; B13: t. Stockxpert Image/Jupiter; b. PhotoObjects.net Image/Jupiter; B14: t., c., B14-15: Stockxpert Image/Jupiter; B16: cl. Photos.com Image/Jupiter; t., bl., br. Stockxpert Image/Jupiter; B17: t., b. Stockxpert Image/Jupiter; B18: bl. Brand X Pictures/Jupiter; t., b. Stockxpert Image/Jupiter; B19, B20, B22: Stockxpert Image/Jupiter; B23: br. Photos.com Image/Jupiter; others Stockxpert Image/Jupiter; B24-25: Stockxpert Image/Jupiter; B26: t. Stockxpert Image/Jupiter; b . Goodshoot Image/Jupiter; br. BananaStock Image/Jupiter; B30-31: Stockxpert Image/Jupiter; B32: bkgd Photos.com Image/Jupiter; l., r. Stockxpert Image/Jupiter; B34: tl., tr., b., B35: Stockxpert Image/Jupiter; B36: c. Comstock Image/Jupiter; B36-37: t. Photos.com Image/Jupiter; b. Stockxpert Image/Jupiter; B37: Stockxpert Image/Jupiter; B38: Photos.com Image/Jupiter; B40-41: t. Stockxpert Image/Jupiter; B40: c. Photos.com Image/Jupiter; b. Brand X Pictures/Jupiter; B41: ci., bl. Photos.com Image/Jupiter; b. Stockxpert Image/Jupiter; B42: ti. liquidlibrary Image/Jupiter; ci. Photos.com Image/Jupiter; . Stockxpert Image/Jupiter; B43, B44-45: Stockxpert Image/Jupiter; B46: t. Photos.com Image/Jupiter; b. Stockxpert Image/Jupiter; B47: t. Stockxpert Image/Jupiter; b. liquidlibrary Image/Jupiter; B48: t. Photos.com Image/Jupiter; b. Stockxpert Image/Jupiter; B49: t. Photos.com Image/Jupiter; b., c. Stockxpert Image/Jupiter; B50: Stockxpert Image/Jupiter; B52: tl. liquidlibrary Image/Jupiter; others Stockxpert Image/Jupiter; B53: t., cr. Photos.com Image/Jupiter; cl., b. Stockxpert Image/Jupiter. R2: tl., tr. R3: Stockxpert Image/Jupiter; R6: tr., br. Stockxpert Image/Jupiter; tl. PhotoObjects.net Image/Jupiter; bl. BananaStock Image/Jupiter; R7: bkgd Polka Dot Images Imag/Jupiter; t. Stockxpert Image/Jupiter; b. BananaStock Image/Jupiter; R8: bl., br. Stockxpert Image/Jupiter; R10: Polka Dot Images Imag/Jupiter.

图书在版编目（CIP）数据

科学启蒙．生命科学．1/（美）丹尼尔（L.H.Daniel）等著；万学，姜允珍等译．—杭州：浙江教育出版社，2009.12（2013.6重印）

ISBN 978-7-5338-8370-6

I．科… II．①丹…②万…③姜… III．①科学知识—少年读物 ②生命科学—少年读物 IV．Z228.1 Q1-0

中国版本图书馆CIP数据核字（2009）第201093号

科学启蒙 生命科学①

出版发行 浙江教育出版社（杭州天目山路40号 邮编 310013）
原 著 名 SCIENCE
原 出 版 McGraw-Hill Education Macmillan
翻　　译 万 学 姜允珍等
本册审稿 张先锋 江明喜 刘统菊
审　　定 姜允珍 刘沛生
总 责 编 邱连根
责任编辑 金富菊
封面设计 曾国兴
责任校对 傅文文
责任印务 温劲风
图文制作 君红阅读（北京）出版咨询有限公司

印　　刷 杭州富春印务有限公司
开　　本 787×960 1/16
印　　张 9.75
字　　数 200 000
版　　次 2009年12月第1版
印　　次 2013年6月第8次印刷
印　　数 45 001-50 000
标准书号 ISBN 978-7-5338-8370-6
定　　价 25.00元

联系电话：0571-85170300-80928
e-mail：zjjy@zjcb.com
网　址：www.zjeph.com